Abdulmutalib Raafat Sarhat

Algal digerido a partir do tratamento de águas residuais para suplemento de nutrientes

Abdulmutalib Raafat Sarhat

Algal digerido a partir do tratamento de águas residuais para suplemento de nutrientes

Imprint

Any brand names and product names mentioned in this book are subject to trademark, brand or patent protection and are trademarks or registered trademarks of their respective holders. The use of brand names, product names, common names, trade names, product descriptions etc. even without a particular marking in this work is in no way to be construed to mean that such names may be regarded as unrestricted in respect of trademark and brand protection legislation and could thus be used by anyone.

Cover image: www.ingimage.com

This book is a translation from the original published under ISBN 978-613-5-81433-0.

Publisher:
Sciencia Scripts
is a trademark of
Dodo Books Indian Ocean Ltd. and OmniScriptum S.R.L publishing group

120 High Road, East Finchley, London, N2 9ED, United Kingdom
Str. Armeneasca 28/1, office 1, Chisinau MD-2012, Republic of Moldova, Europe
Printed at: see last page
ISBN: 978-620-5-67732-2

Tabela de Conteúdos

Abstrato

O potencial de eliminação de grandes quantidades de azoto e fósforo em corpos de água torna-o insustentável e pode levar a levantar o problema da Eutrofização. Para evitar o potencial de escoamento de nutrientes e a Eutrofização das águas superficiais, os efluentes da digestão de algas derivados do tratamento de águas residuais podem ser utilizados como suplemento de nutrientes para o cultivo de algas, que podem ainda servir como matéria-prima para a produção de biogás e tratamento de águas residuais. Actualmente, as microalgas têm vindo a ganhar uma atenção significativa em todo o mundo como uma fonte valiosa de biomassa devido às suas elevadas taxas de crescimento e capacidade de capturar dióxido de carbono atmosférico. As algas requerem N, P e outros nutrientes para o crescimento, para além da luz e do CO_2. Do mesmo modo, os resíduos de algas contêm todos os nutrientes necessários e podem ser excelentes meios de cultivo de algas a baixo custo. Tais propriedades dos resíduos de algas levaram, consequentemente, a alguns estudos que demonstram a utilização de resíduos de algas como meio de crescimento de algas e produção de metano. O presente estudo foi para investigar a eficácia da utilização de efluentes digeridos de algas como suplemento nutricional para o cultivo de microalgas *MUR230*. Foram aplicados múltiplos de tratamentos diferentes de 0%, 2%, 4%, 5% e 10% e o crescimento de algas foi comparado em relação à contagem de células. O melhor crescimento neste estudo foi obtido com microalgas cultivadas com 4% de efluente de digestão de algas. A recuperação de nutrientes de águas residuais digeridas com algas por microalgas precisa de ser extensivamente investigada através de mais investigação.

Agradecimentos

Gostaria de agradecer ao meu supervisor, Dr. David Lewis, pela sua orientação e apoio ao longo desta investigação. Gostaria também de agradecer ao Dr. Stephen Pahl pela sua orientação e presença nos trabalhos de laboratório, e ao candidato PhD Andrew Ward pela sua disponibilidade para criticar e oferecer sugestões para melhorar a minha investigação.

Mais importante ainda, um agradecimento especial à minha família pelo seu apoio, especialmente à minha esposa, (Vyan) que é a razão de eu estar aqui, pelo seu amor, apoio e sacrifício ao longo da minha carreira académica.

<u>*Dedicado a*</u>

- **O meu pai**

  (A pessoa que foi como uma vela que se queima para iluminar o caminho dos outros)

- **A minha mulher (Vyan)**

- **Os meus filhos (Avin, Omar, Hamza e Elaph)**

CAPÍTULO 1. INTRODUÇÃO

Hoje em dia, a preocupação com o ambiente tem aumentado, preferindo a tecnologia anaeróbica para o tratamento de resíduos orgânicos, e permitindo depois o estabelecimento e desenvolvimento de tal tecnologia.

A digestão anaeróbica oferece uma série de benefícios para além da redução da matéria orgânica, tais como a redução das emissões de gases com efeito de estufa, a redução de agentes patogénicos, e a conversão de azoto orgânico em azoto disponível, que é importante para o crescimento das plantas. Além disso, oferece também a valorização do biogás, permitindo assim a produção de energia renovável (Cantrell et al., 2008) e suplemento de nutrientes. Contudo, o elevado teor de nutrientes ou poluentes pode poluir a água, o solo e o ar. Além disso, da degradação da matéria orgânica podem ser gerados odores indesejáveis como resultado da gestão de resíduos, resultando assim em questões ambientais.

A digestão anaeróbia é considerada como uma alternativa significativa para a redução dos poluentes e do teor de matéria orgânica, produzindo simultaneamente a valorização da biomassa das algas. O desenvolvimento contínuo da produção intensiva de algas em muitos países levou ao aumento dos resíduos de efluentes algas.

As descargas descontroladas destes resíduos estão a causar graves problemas ambientais, sociais e de saúde. O controlo das descargas de azoto e fósforo provenientes de operações de efluentes de algas em sistemas de corpos de água e atmosfera representa uma grande ameaça para a comunidade agrícola. Por conseguinte, é necessário minimizar os riscos que estão associados a estes resíduos. A melhor forma de minimizar os riscos associados a estes resíduos é a sua reutilização para a produção de biomassa de algas e metano. Acredita-se que a utilização da digestão de algas é um tratamento eficiente e rentável para reduzir o conteúdo orgânico dos resíduos enquanto se produz biomassa através do crescimento de algas. Neste estudo, as algas digeridas foram seleccionadas como resíduos, que são ricos em fontes de Nitrogénio e Fósforo, e foram utilizadas na concepção de experiências e na determinação de efeitos individuais e interactivos sobre a produção de algas.

Para conseguir tecnologias sustentáveis, é importante maximizar a recuperação dos nutrientes e reduzir os problemas ambientais. A transferência de nutrientes para a fitobiomassa, como as microalgas, é uma das principais tecnologias propostas por (Lens et al., 2001) para a recuperação de nutrientes. Por conseguinte, a tecnologia das microalgas tem uma série de vantagens, incluindo a recuperação de nutrientes e evitar a libertação de CO_2 devido ao seu metabolismo autotrófico. Um dos objectivos gerais desta investigação é adaptar a produção de algas para a recuperação de nutrientes a partir de efluentes algas.

CAPÍTULO 2. REVISÃO DA LITERATURA

2.1 Introdução

Uma grande quantidade de resíduos produzidos poderia ser reutilizada a fim de produzir produtos úteis, tais como microalgas, que poderiam então ser utilizadas para tratamento de águas residuais nas fases primárias (Bioremediação), lípidos e produção de biocombustíveis (Oswald, 2003). Através de (Tratamento de águas residuais à base de algas), a remoção de nutrientes de forma menos dispendiosa e ecologicamente mais segura, a recuperação e reciclagem de recursos pode ser alcançada (Graham et al., 2009).

Geralmente, as algas têm muitas características úteis que as tornam atractivas para serem utilizadas de várias maneiras. O elevado teor de lípidos, hidratos de carbono e proteínas nas espécies de algas levou a impulsionar a investigação num vasto espectro de utilizações (Christenson & Sims 2011). A produção de biodiesel de algas e o tratamento de águas residuais requerem sistemas de cultivo e colheita em grande escala. Os processos combinados são considerados como os mais económicos quando combinados com o sequestro de dióxido de carbono de emissões gasosas, ou com a extracção de alguns compostos para aplicação em algumas indústrias de processo (Mata et al 2010).

Esta revisão bibliográfica centra-se na vantagem da produção de algas especialmente na remoção de azoto e fósforo das águas residuais, o meio de cultivo de algas, os sistemas de cultivo de algas e os desafios da produção e colheita de algas.

2.2 Introdução às Microalgas

As algas microalgas são consideradas como um grupo de microrganismos fotossintéticos multicelulares simples ou unicelulares com elevada capacidade de fixação mais eficiente de dióxido de carbono CO_2 de várias fontes diferentes, tais como a atmosfera, sais de carbonato solúveis e gases de escape industriais (Li et al., 2008). São microrganismos fotossintéticos procarióticos que têm capacidade de crescer rapidamente e viver em condições muito duras e duras devido à sua estrutura multicelular simples ou unicelular (Li et al., 2008). A reacção química abaixo ilustra o processo de fotossíntese:

$$6CO_2 + 6H_2 O + \text{energia luminosa} \rightarrow C_6H_{12} O6 + 6O_2$$

Esta reacção mostra como as algas são capazes de ganhar água, dióxido de carbono, e energia através do sol e convertê-la em glicose e oxigénio. Durante a combustão, o oxigénio é utilizado e a energia libertada como calor (Boyle 2004). As microalgas apresentam-se em todos os ecossistemas, não só aquáticos, mas também terrestres, representando uma grande variedade de espécies que vivem numa vasta gama de condições. Estima-se que existam mais de 50.000 espécies; contudo, apenas cerca de 30.000 espécies foram estudadas e analisadas (Richmond 2004). As micro algas têm a capacidade de se reproduzirem através do processo de fotossíntese que converte a energia solar em energia química, e depois completam o ciclo de crescimento de poucos em poucos dias. Sobretudo, requerem luz solar e um número de nutrientes simples. Além disso, as suas taxas de crescimento poderiam ser aceleradas através da adição de alguns nutrientes específicos e aeração adequada.

Recentemente, as algas foram atraídas mais atenção a fim de serem exploradas como fonte renovável de petróleo (Miao e Wu, 2006; Yoo et al., 2010). As algas têm requisitos específicos e são consideradas difíceis de cultivar devido às razões que se seguem:

(1) A luz solar afecta directamente o crescimento das algas.

(2) A temperatura deve ser mantida estável.

(3) A sobrepopulação de algas leva a impedir o crescimento.

(4) Os resíduos produzidos por algas devem ser removidos continuamente.

(5) As lagoas abertas estão sujeitas aos efeitos do tempo, tais como a evaporação e a precipitação; assim, causam salinidade e desequilíbrios de pH.

A temperatura com luz é considerada como o factor mais importante que limita o cultivo de algas tanto em sistemas fechados como abertos.

Muitas microalgas têm elevada capacidade de tolerar facilmente temperaturas até 8° C inferiores à sua temperatura óptima; contudo, exceder a temperatura óptima em 2- 4° C pode levar à perda total da cultura.

2.3 Os usos das algas

2.3.1 Algas para tratamento de águas residuais

O tratamento de águas residuais à base de algas é considerado como uma das melhores formas de remoção de azoto, fósforo e alguns metais das águas residuais. Isto pode ajudar a reduzir a Eutrofização no ambiente aquático (Mata et al., 2010). As algas têm grande capacidade de utilizar alguns nutrientes como (N e P) das águas residuais, o que as torna uma ferramenta muito importante no processo de tratamento de águas residuais (Martinez et al.,

2000; Kim et al., 2007).

Alguns estudos têm utilizado *C. vulgaris* para a remoção de azoto e fósforo das águas residuais. Finalmente, observaram que o C. *vulgaris* tinha capacidade para remover nitrogénio com uma média de 72% e fósforo com uma média de 28% (Aslan & Kapdan 2006). Além disso, existem algumas outras espécies de algas que demonstraram ter sucesso na remoção de nutrientes de águas residuais, tais como *Chlorella* (Gonzales et al., 1997), *Scenedesmus* (Martinez et al., 2000), *Spirulina, Nannochloris, Botryococcus brauinii, Tetraselmis sp.* e Cyanobacterium *Phormidium bohneri* species (Dumas et al., 1998). Recentemente, alguns estudos relataram que a remoção orgânica significativa poderia ser alcançada por algas (2008; Jail et al., 2010; Kamjunke et al., 2008). As microalgas podem absorver matérias orgânicas tais como bactérias heterotróficas; contudo, a forma de assimilação de matérias orgânicas é muito complicada.

Além disso, a biomassa de algas tem sido utilizada para remover contaminantes de metais pesados como o urânio (Kalin, Wheeler 2005). As microalgas também podem ser utilizadas em instalações de tratamento de águas residuais para reduzir os químicos tóxicos necessários para purificar a água (Ahluwalia & Goyal 2007).

2.3.2 Produção de Algas como Combustível e Biodiesel

Para além das aplicações de tratamento de águas residuais, as algas podem ser utilizadas como fonte potencial de matéria-prima para a produção de biocombustíveis. As microalgas são actualmente consideradas como uma matéria-prima alternativa para a produção de biodiesel. Também são consideradas, juntamente com outras fontes de biomassa como o Jatropha, materiais lignocelulósicos, e resíduos agrícolas, como uma matéria-prima de segunda geração. (Comissão Europeia, 2007). Nos últimos 50 anos, foram realizadas várias pesquisas extensivas sobre microalgas e como utilizá-las amplamente nos processos de fabrico (Spolaore et al, 2006). No Japão nos anos 60, a primeira cultura de microalgas com grande escala começou pela Nihon Chlorella. Contudo, na década de 1970, juntamente com a primeira crise petrolífera, a utilização de microalgas para energia renovável tinha aumentado (Spolaore et al, 2006).

Para gerar energia, as algas são utilizadas de várias maneiras, como a utilização dos óleos de algas para produzir biodiesel, o que é considerado um dos mais eficazes. Da mesma forma que a madeira, a biomassa de algas também pode ser queimada para gerar electricidade e calor. As algas têm capacidade de crescer muito rapidamente; além disso, contêm uma elevada ração de óleo em comparação com outras fontes de biodiesel (Chisti 2007).

Além disso, várias espécies de algas têm uma grande capacidade de produzir ácidos gordos de cadeia longa. As algas podem crescer rapidamente e contêm uma elevada proporção de óleo em comparação com as culturas terrestres, que necessitam de uma estação inteira para serem produzidas, e contêm um máximo de aproximadamente 5% de peso seco de óleo (Chisti 2007).

As algas também são consideradas como uma fonte biológica para a produção de biodiesel, em particular através do seu conteúdo lipídico (Converti et al., 2009). Como mencionado, as microalgas são organismos com fotossintéticos unicelulares que utilizam dióxido de carbono e energia luminosa, com maior eficiência fotossintética em comparação com as plantas para a produção de biomassa (Benemann, 1997). Os desafios na produção eficiente de algas para biodiesel não residem na extracção de petróleo, mas em encontrar espécies de algas que contenham elevado teor de lípidos, tenham elevada capacidade de crescimento acentuado com taxa elevada, não sejam difíceis de colher, e um sistema de cultivo rentável. Os lípidos são considerados como um dos principais e mais importantes componentes das algas. Os conteúdos lipídicos dependem da espécie e das condições de crescimento 2- 60% da matéria seca celular total (Wijffels, 2006). Algumas espécies de algas têm a capacidade de acumular grandes quantidades de lípidos, podendo assim contribuir para um elevado rendimento em óleo (Sheehan 1998). As médias do teor de lípidos nas algas variam entre 1-70%; contudo, sob certas condições, algumas espécies podem atingir aproximadamente 90% do peso seco (Horsman et al, 2008).

O tipo de combustível pode ser derivado das algas depende da espécie de algas e da parte que é utilizada: Biodiesel, Bioetanol, Biobutanol, Hidrocarbonetos, Biogás, e Hidrogénio ou (POST nota 186). Há muitos estudos e investigações que mencionaram e compararam as vantagens da utilização de algas para a produção de biodiesel com algumas outras matérias-primas. Do ponto de vista prático, as microalgas são muito fáceis de cultivar, podem crescer mesmo sem atenção com, podem crescer em água poluída, e fáceis de obter nutrientes (Wang et al, 2008; Horsman et al, 2008). Espera-se que a aplicação de microalgas para a produção de biocombustíveis ofereça algumas novas oportunidades para diversificar o rendimento, fornecer fontes de combustível, substituir os combustíveis fósseis, reduzir as emissões de gases com efeito de estufa e impulsionar a descarbonização dos combustíveis para transportes (Mata, 2010). Os lípidos das microalgas são utilizados em muitos processos de exploração de energia, tais como a combustão simples em motores diesel e caldeiras. Também, a partir de plantas industriais; a produção de biodiesel de algas pode utilizar parte do dióxido de carbono. Portanto, as algas são vistas como uma ferramenta de sequestros simples de CO_2 a fim de serem utilizadas em plantas para controlar as emissões de gases com efeito de estufa (Sawayama et al. 1996). Muitas investigações provaram que a qualidade e quantidade de lípidos nas células de microalgas podem diferir devido a alterações nas condições de crescimento tais como temperatura, intensidade luminosa, e conteúdos e características dos meios nutritivos (Liu et al. 2008). Por conseguinte, estas condições devem ser monitorizadas a fim de produzir algas com elevada qualidade e quantidade de lípidos.

2.3.3 Redução das emissões de CO_2

As algas têm uma série de utilizações para além dos aspectos energéticos e de tratamento de águas residuais. As microalgas são também utilizadas para reduzir as emissões de CO_2 das centrais eléctricas (Briggs 2004). As algas absorvem CO_2 através do metabolismo fotossintético e libertam oxigénio. O dióxido de carbono produzido a partir de centrais eléctricas pode ser utilizado pelas algas como fonte de carbono para o crescimento; em última análise, as emissões de carbono serão reduzidas (Danielo 2005). Além disso, como acontece com todos os biocombustíveis, as algas absorvem dióxido de carbono enquanto crescem e libertam-no novamente quando o combustível é queimado. Não reduzem o CO_2 atmosférico; no entanto, podem reduzir as emissões onde deslocam os combustíveis fósseis.

2.3.4 Algas para a recuperação de solos

As algas podem ser usadas como fertilizantes; isto é conhecido como Bio-fertilizantes (My agriculture information bank, 2011). Contêm grandes quantidades de N, P e alguns outros nutrientes. Por conseguinte, as algas podem ser utilizadas como fertilizante ambientalmente sustentável. Podem suplementar nutrientes para satisfazer as necessidades nutricionais integradas das plantas. Assim, podem minimizar a utilização de fertilizantes químicos que não são sustentáveis do ponto de vista ambiental. A aplicação de fertilizantes leva a aumentar a capacidade de absorção de minerais e água, desenvolvimento de raízes, crescimento vegetativo e fixação de azoto (Oilgae, 2011). Além disso, as algas podem ser utilizadas para a recuperação de solos, especialmente solos salinos e solos alcalinos. Melhoram fisicamente aumenta as propriedades de decomposição da matéria orgânica no solo, e aumenta a taxa de decomposição no poço de compostagem (My agriculture information bank, 2011).

2.4 Cultivo de microalgas

Famintzin em 1871 é o primeiro investigador a relatar os resultados do crescimento de algas em culturas de água (Bold 1942). Noll e Oltmanns em 1892 tinham publicado alguns estudos sobre o cultivo marinho de algas, apesar de esses estudos tratarem de manter as algas em bom estado em vez de afectar o crescimento e a reprodução (Bold 1942). A composição das algas é muito importante para apreender a sua digestão, os principais componentes das microalgas são o carbono, o azoto e o fósforo. Uma vez que as algas são fotossintéticas, necessitam de vários factores para crescerem.

Requerem uma fonte de luz, água, dióxido de carbono, temperatura, e sais inorgânicos. A temperatura para um crescimento óptimo deve estar dentro de (15 -30) °C (Li & Hu 2007). Existem algumas microalgas que poderiam ser cultivadas sem luz, de modo que utilizam uma fonte de carbono orgânico em vez de CO_2; este tipo de crescimento é chamado crescimento heterotrófico. Contudo, para minimizar os custos, as microalgas são cultivadas utilizando a luz solar, apesar de diminuir a produtividade devido às variações diárias e sazonais em relação à quantidade de luz disponível. O meio das algas deve conter nutrientes essenciais como o azoto, fósforo, ferro, por vezes silício, alumínio, carbono e enxofre, que são os parâmetros mais importantes (Grobbelaar 2004). Além disso, salinidade, temperatura, pH, e oxigénio dissolvido afectam directamente o crescimento. Um estudo revelou que os valores óptimos de N e P para o crescimento de microalgas foi quando excederam 25 e 2 mg/l numa cultura. O fosfato é relevante para todo o crescimento e metabolismo e é também elementos essenciais para o ADN, ARN, ATP e materiais de membrana celular, o fósforo deve ser adicionado em excesso (Mostert & Grobbelaar 1987).

No entanto, o amónio em altas concentrações pode ter efeitos tóxicos no crescimento de algas (Trydal 2010). Por conseguinte, as concentrações de amónio devem ser controladas e prevenidas a níveis moderados. O CO_2 é a fonte habitual de carbono para a cultura fotossintética de microalgas (Grima et al. 1999). Também, (Chiu et al., 2009) descobriram que um aumento na produção de biomassa e acumulação de lípidos com um aumento da concentração de CO_2 na aeração de culturas de *Nannochloropsis oculata.* Portanto, fornecer uma fonte de CO_2 para o crescimento de algas seria muito importante e levaria à produção de algas com elevada proporção de lípidos.

2.5 Técnicas de Cultura de Algas

O desenvolvimento dos sistemas culturais começou nos anos 50, quando foram descobertas algas como fonte de proteínas devido ao aumento da população mundial (Bold 1942). Depois, as algas foram pesquisadas para os compostos interessantes que produzem, para converter CO_2 em O_2 durante as viagens espaciais e para o tratamento de águas residuais, devido à sua capacidade de absorver grandes quantidades de N, P e outros compostos orgânicos. Existem vários sistemas de cultivo de algas e alguns sistemas de cultivo diferentes foram desenvolvidos, como por exemplo:

2.5.1 Sistemas de cultura aberta

O sistema mais antigo de cultivo em massa de algas é chamado (tanque aberto) que é um tanque pouco profundo com uma profundidade de cerca de 1 pé. Neste sistema, as microalgas são cultivadas em condições idênticas às do ambiente natural (Chisti 2007; Johnson, 2009). Existem diferentes designs para tanques abertos, tais como "pista de corrida" ou "pista", que é fornecida com uma roda de pás que é responsável pela circulação e mistura das células de algas e nutrientes. O sistema de lago aberto é considerado como uma das formas mais fáceis de construir e operar em comparação com os sistemas fechados (Chisti 2007).

Além disso, a mistura da cultura tem uma vantagem significativa em termos de custos e especialmente de produtividade. No entanto, no sistema de lago aberto, existem algumas limitações, tais como má utilização da luz pelas células, perdas por evaporação, difusão de dióxido de carbono para a atmosfera, e este sistema necessita de grandes áreas de terra.

Além disso, mais energia é drenada em sistema de lago aberto, a fim de homogeneizar os nutrientes. Além disso, para receber energia solar suficiente para o cultivo de algas, o nível de água não deve ser inferior a 15 cm (Richmond, 2004). Em geral, as condições meteorológicas afectam directamente os tanques abertos e este sistema não é permitido controlar a temperatura da água, a evaporação e a iluminação.

Um estudo conduzido por Laws et al. (1986) foi aplicado um sistema de mistura que consiste numa calha contínua contendo matrizes de folhas. Aproximadamente, tinha sido alcançada uma média diária de 40 g/d.wt.m- 2 taxas de produção de biomassa. Geralmente, os lagos abertos são considerados como um sistema relativamente económico, após o cultivo são fáceis de limpar, e são um bom sistema para o cultivo em massa. Em contraste, as condições de cultura não são fáceis de controlar, têm baixa produtividade, necessitam de uma grande área de terra para serem aplicadas, as suas culturas são contaminadas muito facilmente, nem todas as estirpes de algas são cultivadas neste sistema, e finalmente; cultivar algas durante longos períodos é muito difícil neste sistema. (Ugwu, et al, 2008). Portanto, a maioria dos peritos não prefere este sistema para cultivar algas, especialmente a longo prazo.

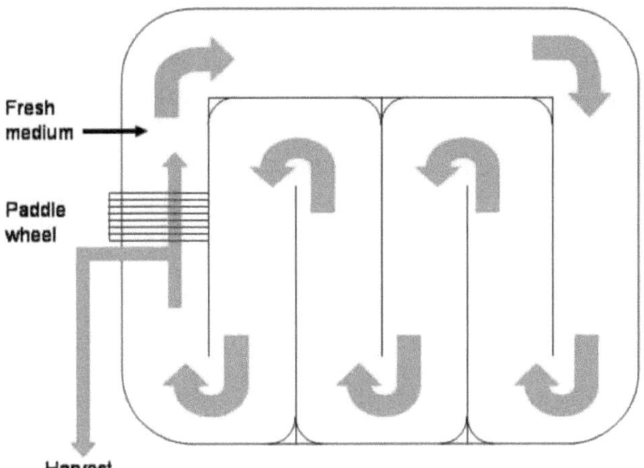

Figura (1): Esquema de um tanque de alta taxa (Johnson 2009)

2.5.2 Sistemas fechados de cultivo (Fotobioreactores)

Este é outro método de cultivo de microalgas e é chamado fotobioreactor. Através da aplicação deste processo, algumas das limitações que existem em sistemas de lagoas e pistas abertas podem ser eliminadas, tais como a superação dos problemas de contaminação e evaporação de culturas em lagoas abertas (Molina, Fernandez et al. 2000).

O sistema fotobioreactor é considerado como um sistema flexível que pode ser optimizado em termos das características biológicas e fisiológicas das estirpes de algas que estão a ser cultivadas. Além disso, este sistema permite cultivar espécies de algas que não podem ser cultivadas em lagos abertos (Mata et al, 2010). Além disso, uma grande proporção de luz não afecta directamente a superfície de cultivo; no entanto, tem de atravessar as paredes do reactor (Mata et al, 2010). Em comparação com o sistema de lagoas abertas, o sistema de fotobioreactor é também considerado como tendo muitas vantagens. Por exemplo, este sistema proporciona um melhor controlo sobre as condições de cultura e parâmetros de crescimento tais como pH, temperatura, dióxido de carbono e oxigénio, protege a evaporação, reduz as perdas de dióxido de carbono, permite alcançar maiores densidades de algas, alcançar maiores produtividades volumétricas, oferecer um ambiente seguro e preventivo, prevenir os microrganismos concorrentes que causam contaminação (Borowitzka, 1999; Mata et al, 2010).

Além disso, este sistema sofre de uma série de inconvenientes que devem ser tidos em conta e resolvidos. O ponto principal destes inconvenientes envolve: aumento do aquecimento, bio-incrustação, acumulação de oxigénio, dificuldade de expansão, elevado custo de construção e funcionamento, cultivo de biomassa algal, e danos na célula em resultado do stress de cisalhamento e destruição do material que é utilizado para a foto-estágio (Piccolo, 2008; Mata et al, 2010). Há também outro problema com o sistema de fotobioreactores que é a toxicidade com elevado teor de oxigénio que leva a matar as algas. Para facilitar isso, os fotobioreactores modernos equipados com um purificador de oxigénio podem ser utilizados para remover gás do sistema e depois para a atmosfera (Johnson, 2009).

Embora os sistemas fechados não ofereçam qualquer vantagem relativamente a uma produtividade real; no entanto, são melhores do que as lagoas abertas em termos de produtividade volumétrica e concentração de células (Gressel, 2008). A produtividade da biomassa dos fotobioreactores é, em média, cerca de 13 vezes superior, em comparação com uma lagoa de pista tradicional (Chisti 2007). Além disso, a colheita de biomassa dos fotobioreactores é menos cara em comparação com um tanque de pistas, uma vez que a biomassa típica de algas é aproximadamente 30 vezes mais concentrada do que a biomassa de algas encontrada nas pistas (Chisti 2007; Johnson, 2009).

Figura (2): Sistemas de cultivo fechados (Conselho Nacional de Investigação Canadá 2010)

Tabela (1): Uma comparação entre sistemas abertos e foto-bioreactores (FAO, 2009) com

alterações

Parameter	Open ponds and raceways	Photo-bioreactors
Required space	High For PBR itself low	High For PBR itself low
Water loss	Very high, may also cause	Salt precipitation
CO_2-loss	High, depending the depth	Low
Oxygen concentration	low enough	Requires gas exchange devices
Temperature	Highly variable	Cooling often required
Shear	Usually low (gentle mixing)	High (gas exchange devices)
Cleaning	No issue	Required (wall-growth and dirt reduce light intensity)
Contamination risk	High	Medium to Low
Biomass quality	Variable	Reproducible
Biomass concentration	Low, between 0.1 and 0.5 g/l	High 0.5 - 8 g/l
Production flexibility	Difficult to switch	High, switching possible
Process control	Limited	Possible in certain tolerances
Weather dependence	High	Medium (light and cooling required)
Start-up	6 – 8 weeks	2 – 4 weeks

2.5.3 Sistemas de cultura heterotróficos

Como mencionado anteriormente, algumas outras espécies de microalgas podem ser cultivadas heterotroficamente. Neste sistema, a partir de uma fonte orgânica de carbono e não através de dióxido de carbono, a microalga pode obter o seu carbono no meio; portanto, não necessita de fonte de luz. Geralmente, em comparação com as algas fotossintéticas, níveis elevados de lípidos e menos proteínas podem ser produzidos pelo sistema heterotrófico (Miao & Wu 2006). A cultura deste sistema é considerada como a melhor utilizada para espécies de algas únicas (monoculturas) e necessita de esterilização extensiva de meios e equipamentos (Johnson, 2009).

Os lípidos que são produzidos a partir de heterotróficos dependem principalmente de vários factores, incluindo a idade da cultura, o conteúdo de nutrientes nos meios de cultura, e alguns factores ambientais como a salinidade, temperatura e pH (Wen & Chen 2003). Por outro lado, nem todas as espécies de algas podem ser cultivadas neste sistema. Para a produção heterotrófica, as algas precisam de satisfazer algumas condições, tais como a capacidade de o fazer:

(1) Dividir e metabolizar sem qualquer fonte de luz.

(2) Crescer em meios facilmente esterilizáveis e baratos.

(3) Adaptar-se rapidamente ao novo ambiente (Wen & Chen 2003).

Este sistema tem algumas outras vantagens, tais como níveis elevados de produção de lípidos e menos de proteínas, e a célula atinge uma densidade celular mais elevada em comparação com outros sistemas. Contudo, tem algumas desvantagens, tais como a sua exigência de esterilização extensiva dos meios, e é aceitável para produtos de alto valor, mas não para a produção de combustível (Schneider 2006).

Por conseguinte, alguns peritos preferem que este sistema de produção de algas seja utilizado para o tratamento de águas residuais.

2.6 Desafios associados à produção de algas

Um dos maiores desafios para gerar biocombustíveis rentáveis a partir de microalgas é o processamento da biomassa em óleos utilizáveis. O processo de extracção dos óleos das algas começa com o isolamento das células das microalgas dos meios de crescimento. Considerando que a solução de algas pode ser composta principalmente por água, este pode ser um processo intensivo. O principal desafio do sistema integrado de aplicação é a colheita de algas, que deve ser feita de forma a permitir a produção de bio-produtos e biocombustíveis. (Christenson & Sims 2011).

O controlo desses desafios e limitações da produção de algas é muito benéfico tanto para o tratamento de águas residuais como para a produção de biocombustíveis. Os desafios envolvem: fornecimento e reciclagem de nutrientes, troca de gás, entrega de luz, integridade da cultura, controlo do ambiente, disponibilidade de água e terra, bem como colheita (Christenson & Sims 2011). Contudo, a utilização de águas residuais pode levar à resolução de uma série de desafios (Salerno et al., 2009; Teixeira & Rosa, 2006). Existem alguns métodos para a colheita de algas que são de base química, mecânica, eléctrica e biológica (Danquah et al., 2009). Em termos de colheita, os métodos de base biológica estão a reduzir os custos porque não necessitam de quaisquer adições químicas. No entanto, não existe nenhum método melhor comprovado para a colheita de microalgas (Shelef et al., 1984).

O maior desafio associado à produção de algas é a sua separação da água, que ainda permanece como um grande desafio ao processamento industrial que se deve ao tamanho das células de algas que são muito pequenas com algas eucarióticas unicelulares tipicamente 3-30 pm (Molina- Grima et al., 2003). Além disso, reduzir o custo da colheita de uma forma que permita criar bioprodutos de algas é ainda um desafio (Hoffmann, 1998).

Devido ao pequeno tamanho das células de algas, para um pré-tratamento, é utilizada a floculação química a fim de aumentar o tamanho das partículas para colher as algas, antes de utilizar outros métodos, tais como a flutuação. Contudo, a centrifugação ou de base mecânica é considerada como o método mais rápido de recuperação de algas em suspensão; com base nas diferenças de densidade, são aplicadas forças centrífugas para a separação (Christenson & Sims 2011). Em geral, o processo de colheita continua a ser o maior desafio no processo de produção de biomassa de microalgas.

2.7 Algas de digestão

A digestão anaeróbia tem sido um processo bem estudado. Pode ter ocorrido naturalmente em massas de água, aterros, pântanos, lagoas, e bem abaixo da superfície do solo. A digestão anaeróbia é conhecida como um processo onde as bactérias decompõem matéria orgânica e produzem biogás contendo dióxido de carbono e metano em ambiente livre de oxigénio (Andlay, 2010).

As algas, através da fotossíntese, libertam algumas quantidades de oxigénio que são utilizadas pelas bactérias para oxidar os resíduos (Chynoweth & Isaacson, 1987). Espera-se que a digestão anaeróbica reduza suficientemente a carga de resíduos. Este processo não só conduz à redução da poluição orgânica, mas também fornece uma nova fonte de energia. A fim de avaliar a conversão de algas em metano pela digestão anaeróbia, foram feitos recentemente vários trabalhos. A recuperação de energia sob a forma de gás metano é considerada como uma vantagem da digestão anaeróbia. Esta forma de tratamento pode ser mais viável do ponto de vista económico.

Os digestores anaeróbios são operados com temperatura e pH controlados (Andlay, 2010). Além disso, os digestores anaeróbios podem ser operados com temperatura e pH muito variáveis. Toda a experiência no tratamento de águas residuais tem sido feita a 1-2 atmosferas e 30 °C (Chynoweth & Isaacson, 1987). Por outro lado, os digestores anaeróbios têm a capacidade de operar a temperaturas mais baixas para tratar resíduos animais e produzir energia.

Naturalmente, os nutrientes utilizados para o cultivo de algas permanecem nos corpos de água. Isto leva a levantar uma série de questões, especialmente quando os seres humanos adicionam outros nutrientes, tais como fertilizantes e matéria fecal. Além disso, algumas outras questões podem ser levantadas, tais como a diminuição da população de peixes e a redução da biodiversidade. Portanto, os seres humanos devem trabalhar para remover todos os nutrientes dos corpos de água.

2.8 Efluentes digeridos de algas para produção de algas

São possíveis dois usos para a digestão anaeróbia, tais como a produção de biogás (Metano) em combinação com o tratamento de águas residuais à base de algas. Uma é a utilização da digestão anaeróbia como pré-tratamento para as águas residuais antes do tratamento com algas. Este é um processo significativo devido ao elevado N, P e CBO em águas residuais agrícolas, que é considerado dispendioso de tratar aerobicamente. A segunda utilização é a digestão da biomassa de algas produzida durante o tratamento. Este processo de digestão da biomassa também pode ser uma produção significativa de biogás. A digestão anaeróbia é considerada como um importante processo eficaz para a remoção de CBO; contudo, não é considerada como eficaz para remover nutrientes como o N e P (Metcalf & Eddy 2003). Assim, é necessário um tratamento adicional do efluente dos digestores anaeróbios antes da sua descarga no ambiente. A produção anual de grande quantidade de resíduos de diferentes fontes em todo o mundo leva à emissão de uma grande quantidade de gases com efeito de estufa e, portanto, a mais problemas ambientais. Foram estudados vários recursos alimentares diferentes para a produção de diferentes estirpes de algas, incluindo uma enorme população bacteriana associada a leveduras (Kang et al., 2006), palha de arroz (Niswati et al., 2005), estrume de gado e aves de capoeira (Jana et al., 1993), bem como várias espécies diferentes de fitoplâncton (Xi et al., 2005). O efluente digerido de algas é também considerado como uma fonte alternativa de nutrientes para a produção em massa de algas, uma vez que inclui alguns nutrientes como N e P ($NH4+^3$, $NO3$, $PO4$) que são muito importantes para o cultivo de algas.

Portanto, o efluente algal digerido poderia ser utilizado como meio para cultivar o algal, que se acredita ser uma alternativa ao uso de meio mineral que é dispendioso e não sustentável para o ambiente. Contudo, não existe literatura publicada sobre a utilização do efluente algal digerido como fonte de nutrientes para a produção de algas. Por outro lado, há muitas literaturas publicadas sobre a utilização da digestão de suínos, lacticínios e aves de capoeira para a produção de biomassa. Os resultados de um estudo realizado por (Sayali et al., 2010) indicaram que as águas residuais da suinicultura e a biomassa microbiana associada são adequadas para serem utilizadas como fonte de nutrientes para a *M. australiensis*. Outro estudo forneceu fortes provas de que "a *M. australiensis* pode utilizar a floração bacteriana e os biofilmes bacterianos associados aos efluentes da suinicultura digeridos como fonte alimentar" (Ward & Kumar 2010). Martin et al, constataram, num estudo realizado em 2010, que a alimentação de grau *C. vulgaris* pode ser produzida através da utilização de efluente digerido de suínos sem suplemento de qualquer substância química. O objectivo deste estudo é investigar o potencial de algas digeridas que derivam do tratamento de águas residuais para serem utilizadas como fonte de nutrientes para a produção de biomassa de algas.

2.9 Sumário de revisão de literatura

Esta revisão da literatura demonstrou a eficiência das algas para crescer e remover nutrientes tais como N, P e metais pesados das águas residuais e efluentes, a utilização de algas, o cultivo de algas, e os desafios que estão associados à colheita e cultivo de algas. Um dos factos significativos é a utilização integrada da produção de biocombustíveis de algas e a remoção de nutrientes das águas residuais. Durante a revisão da literatura, foi revelada informação sobre o meio adequado para o cultivo de algas, as vantagens do cultivo de algas, os desafios que estão associados à produção de algas, e é necessário realizar mais investigação sobre a utilização de algas digeridas derivadas do tratamento de águas residuais como fonte de nutrientes para a produção de algas.

2.10 O objectivo da Investigação

O principal objectivo desta investigação é investigar o potencial das algas digeridas que derivam das águas residuais para serem utilizadas como fonte de nutrientes para a produção de biomassa de algas.

2.11 Os objectivos específicos

Há alguns objectivos específicos desta investigação que são os seguintes:

1) Demonstrar que as microalgas *MUR230* podem ser cultivadas em resíduos de algas de digestão.

2) Demonstrar que os efluentes da digestão de algas derivados do tratamento de águas residuais podem ser um fornecimento adequado de nutrientes para esta espécie.

3) Optimizar as condições de cultura a fim de maximizar a produção de biomassa de algas.

CAPÍTULO 3. MATERIAIS E MÉTODOS

3.1 Estirpes de microalgas

Uma estirpe de algas foi utilizada nesta investigação, especificamente *(MUR230),* da qual foi isolada (lago Mawson) na Universidade de Adelaide. O *MUR230* é um género de fitoplâncton com elevado nível lipídico, e estimula a alimentação em organismos marinhos utilizando aminoácidos naturais. O *MUR230* é verde, motil, e cresce normalmente às 22h de comprimento x 14h de largura. Esta estirpe de algas é um microrganismo fotossintético eucariótico que cresce rapidamente devido à sua estrutura simples. Devido ao seu pequeno tamanho, são consideradas como fazendo parte do fitoplâncton.

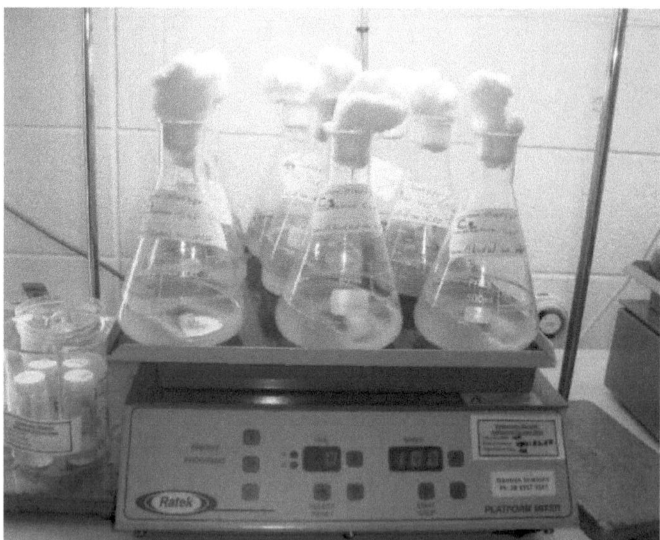

Figura (3): O meio que foi utilizado na experiência

3.2 Nutrição e Manutenção da Cultura

Foram utilizados neste estudo 15 (1) litros de frascos cónicos com um volume total de trabalho de (3500) ml de água do mar com (1) ml de cada um de (Trace Metal, Nitrato de Sódio e Fosfato de Sódio) por cada litro de água do mar. As características da água do mar que têm sido utilizadas nesta experiência são apresentadas na Tabela (2). Além disso, houve três tratamentos replicados em triplicado utilizados nesta experiência. Estes quatro tratamentos separados compreendiam um 5% (10) ml de efluente algal digerido, um 4% (8) ml de efluente algal digerido, um 10% (20) ml de efluente algal digerido, um 2% (4) ml de efluente algal digerido, um (200) mg/l de meio mineral que contém (água do mar, traço metálico, nitrato de sódio e fosfato de sódio) que foi utilizado como controlo. Além disso, foi adicionado um (20) ml de inóculo em cada tratamento.

Tabela (2): Características da água do mar

Parameter	Value
Electric Conductivity	31.0 *ms*
pH	6.50
Oxygen	0.8% *s*

As algas eram cultivadas em meios de comunicação social (Guillard & Ryther 1963), cuja receita foi obtida a partir do CCMP. As tabelas abaixo mostram o componente a fazer f/2 media e as quantidades dos componentes foram duplicadas para fazer f media. Assim, o dobro da quantidade dos componentes é listado nos quadros 1 e 2, onde adicionado a (1) litro de água do mar natural filtrada. Além disso, a água do mar natural teve a sua salinidade aumentada para cerca de 7%.

Tabela (3): f/2 media (Guillard & Ryther 1963)

Component	Stock Solution	Quantity	Molar Concentration in Final Medium
$NaNO_3$	75 g/L dH_2O	1 mL	8.82×10^{-4} M
$NaH_2PO_4H_2O$	5 g/L d H_2O	1 mL	3.62×10^{-5} M
Trace Metal	See Recipe Below	1 mL	-

Tabela (4): f/2 Trace Metal Solution (Guillard & Ryther 1963)

Component	Primary Stock Solution	Quantity	Molar Concentration in Final Medium
$FeCl_3\ 6H_2O$	-	3.15 g	1.17×10^{-5} M
$Na_2EDTA\ 2H_2O$	-	4.36 g	1.17×10^{-5} M
$CuSO_4\ 5H_2O$	9.8 g/L dH_2O	1 mL	3.93×10^{-8} M
$Na_2\ MoO_4\ 2H_2O$	6.3 g/L d H_2O	1 mL	2.60×10^{-8} M
$ZnSO_4\ 7H_2O$	22.0 g/L d H_2O	1 mL	7.65×10^{-8} M
$CoCl_2\ 6H_2O$	10.0 g/L d H_2O	1 mL	4.20×10^{-8} M
$MnCl_2\ 4\ H_2O$	180.0 g/L d H_2O	1 mL	9.10×10^{-7} M

Esta experiência tem sido feita em condições de luz controlada com um período de luz de 24 horas. A luz foi fornecida por (5 x 32) tubos fluorescentes de luz diurna de (5 x 32) watt.

A temperatura da sala foi mantida a 24°C através da utilização de ar condicionado de ciclo inverso. Foi utilizado um misturador orbital Rate para manter uma mistura adequada das culturas, a fim de manter as amostras bem misturadas e para evitar a situação de assentamento das algas.

O misturador orbital ou mesa vibratória foi regulado com uma velocidade de (100) revolução por minuto. Amostras de cultura eram recolhidas todos os dias às 13:00 horas para efeitos de contagem de células para quantificar a densidade de células de algas e a taxa de crescimento celular. A taxa de crescimento de células (r) foi derivada utilizando a equação abaixo:

$$r = (Em\ Nt - Em\ N0) / t$$

Onde: **N0** = densidade populacional inicial e

Nt = densidade populacional após o tempo t (Krebs, 1985).

As concentrações de nutrientes (azoto total, TAN e ortofosfato solúvel) foram analisadas no início e no fim do período experimental. A densidade celular foi medida utilizando o hemocitómetro e um microscópio binocular.

3.3 Amostragem de análises químicas

Uma amostra de (1) ml de cada frasco foi levada para um tubo de (2) ml todos os dias à mesma hora, às 13:00 horas, depois de misturado o conteúdo dos frascos. A temperatura ambiente, luz (lux), e densidade de algas (células/ml) foram determinadas diariamente.

3.4 A solução de Lugol

É também conhecido como iodo de Lugol. Foi feito primeiro em 1829, é uma solução de iodeto de potássio e iodo elementar na água, com o nome do médico francês J.G.A. Lugol.

Esta solução é normalmente utilizada como anti-séptico e desinfectante, como reagente para a detecção de amido em testes laboratoriais e médicos de rotina. Os usos desta solução são possíveis, pois é uma fonte de iodo elementar livre, que é gerado a partir do equilíbrio entre o íon triiodeto e as moléculas de iodo elementar na solução. A solução de Lugol é adicionada às amostras a fim de imobilizar a célula antes de ser contada para obter imagens claras das mesmas através da utilização do microscópio Olympus.

3.5 Espectrofotómetro

Foi utilizado um microscópio equipado com uma câmara digital para análise microscópica da pureza da amostra e contagem de células. O microscópio está equipado com objectivos de contraste de fase 4X, 10X, 20X, 40X, e 100X, e uma ocular 10X que permite uma ampliação máxima de 1000X. As objectivas de contraste de fase permitem a visualização de amostras biológicas vivas sem necessidade de uma mancha, o que mataria os microrganismos. A câmara digital permite a alimentação de vídeo e imagens ao vivo para software avançado de imagem. A contagem de células foi realizada utilizando um hemocitómetro e objectivos de contraste de fase para a visualização de organismos vivos. Um hemocitómetro é uma lâmina de microscópio especializada com uma pequena grelha gravada na superfície. A grelha é fechada pelas paredes circundantes para formar uma câmara de contagem. A câmara de contagem tem um volume conhecido para permitir aos utilizadores calcular células por volume (APHA, 1998).

Figura (4): O Espectrofotómetro que tem sido utilizado na experiência

3.6 Hemocitómetro

O hemocitómetro (hemocitómetro ou câmara de contagem) é uma lâmina de amostra que é amplamente utilizada para determinar as concentrações de células na amostra líquida. O vidro de cobertura não flutua sobre o líquido, contudo é mantido no lugar à altura (geralmente 0,1mm). Além disso, uma grelha é gravada no vidro do hemocitrómetro. Esta grelha, um arranjo de quadrados com tamanhos diferentes, permite uma fácil contagem de células. Desta forma, é fácil determinar o número de células num volume especificado. Um hemocitómetro é uma lâmina de microscópio precisa com um volume específico conhecido e uma grelha para a contagem de células. O princípio orientador é a medição de uma amostra representativa num hemaciómetro com um volume específico de meio líquido; depois, multiplicando esse volume até ao volume total e estimando o número de células que existem no sistema pode ser estabelecido (Hansen, 2001).

Um hemaciómetro tem dimensões padrão e universal. O volume da área de contagem é de

100 nano-litros (Hansen, 2001). Este é o calculado como o comprimento vezes a largura vezes a altura (0,1cm x 0,1cm x 0,01cm). Além disso, existem dois padrões de grelha mais pequenos dentro da área de contagem para ajudar a contagem média de células quando a população de amostras é densa. A diluição da amostra é outra técnica aplicada para superar populações densas e depois multiplicar os resultados no final pelo factor de diluição.

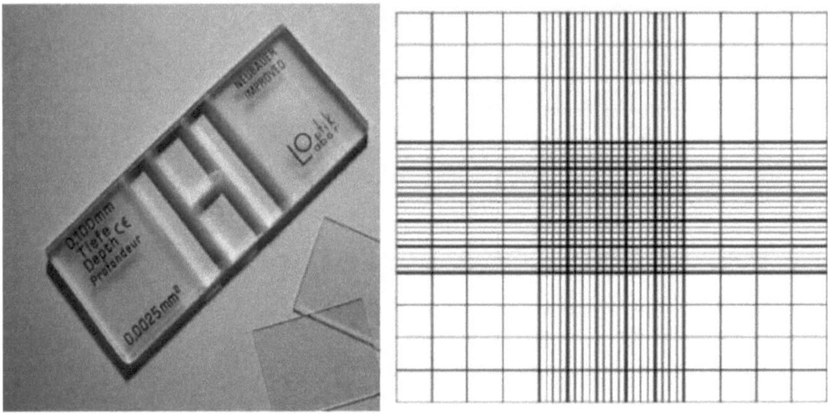

Figura (5): Grelha de contagem de hemocitrómetros (Kim, 2010)

3.7 Contagem de células

A contagem diária de células de *MUR230* torna possível produzir uma curva de crescimento (número de células por mililitro versus tempo). O gráfico pode ser utilizado para comparar a taxa de crescimento de *MUR230*. Há vários desvios no método utilizado para contar células manualmente através da utilização de um hemocitómetro. Geralmente, uma pequena quantidade de amostra deve ser colocada sobre uma lâmina de microscópio especializada.

A fim de determinar o número de células em qualquer suspensão, existe um dispositivo que é chamado câmara de contagem. O hemocitómetro é o tipo de câmara que é mais utilizado. Originalmente, foi concebido para contar células sanguíneas. Para preparar a câmara, o espelho deve ser cuidadosamente limpo com papel de lente. A tampa também deve ser limpa. Além disso, o deslizamento da tampa deve ser colocado sobre a superfície de contagem antes de o colocar sobre a suspensão. A suspensão deve ser introduzida num poço em forma de V com uma tubagem. A área sob o deslizamento da tampa é preenchida pela acção capilar. Para cobrir a superfície espelhada, deve ser introduzida quantidade suficiente de uma amostra. Em seguida, a câmara deve ser colocada na fase do microscópio, assim, a grelha de contagem deve ser posta em foco a baixa potência. A câmara de contagem é o pequeno espaço onde a amostra existe entre a parte superior da lâmina e o deslizamento da tampa.

Na câmara de contagem está uma grelha finamente gravada que define uma área de superfície precisa para que a contagem ocorra. Ao olhar para a lâmina através do microscópio, as células em alguns dos quadrados são contadas e o número é extrapolado em células por volume com base nos parâmetros espaciais conhecidos da câmara de contagem (APHA 1998). Este método permite a obtenção de números estimados sobre quantas células existem de uma amostra específica. As amostras não devem ser coradas quando visualizadas com um microscópio equipado com objectivos de phasecontraste.

As contagens de células são consideradas como excelentes medidas de pureza e densidade da amostra; no entanto, as células contam muito tempo e na realidade não fornecem unidades baseadas na massa. Embora o tempo necessário, é essencial monitorizar a contaminação de estirpes experimentais. Além disso, as unidades celulares e o tempo de duplicação são muito instrumentais no transporte de dados de uma forma clara e tangível. As taxas de divisão são calculadas utilizando duas contagens de células com um tempo conhecido entre as medições. O cálculo da taxa de divisão celular é o seguinte:

$$k = \log (N1/N0)\ (3{,}222/t)$$

k = divisões por dia, **N0** = contagem inicial de células, **N1** = contagem final de células, **t** = número de dias

3.8 Características dos efluentes da digestão de algas

O efluente digerido Algal foi recolhido de um dos laboratórios da Escola de Engenharia Química da Universidade de Adelaide depois de ter sido utilizado para o cultivo de algas e produção de biogás gasoso. A análise do efluente das algas digeridas foi feita pela SA Water. As características do efluente digerido de Algal são apresentadas no quadro (5) Amónia, azoto total (TN), fósforo total (TP), alumínio (Al^{+3}), nitrito, e nitrato assim como azoto total (NKN). O efluente digerido de algas foi utilizado como matéria-prima para o cultivo de algas *MUR230*. Quatro múltiplos de diluição (0%, 2%, 4%, 5%, 10%) foram aplicados na inoculação. Amostras de efluentes de algas digeridas diluídas foram filtradas através de um filtro a fim de remover as partículas grandes.

Quadro (5) Características do efluente de digestão de algas derivado do tratamento de águas residuais

Parameter	Quantity (mg/L)
Ammonia	833.2
Nitrate + Nitrite	7.99
Nitrate	< 0.005
Nitrite	8.16
Phosphorus	0.794
Total Phosphorus	7.40
Total Nitrogen	831
TKN	823
Total Aluminium	2.132

3.9   Determinação do crescimento das algas

A contagem de células da algália digerida inoculada foi determinada diariamente como o indicador de crescimento de algas através da utilização de um espectrofotómetro.

3.10   Técnicas de Análise Estatística

Os dados foram analisados utilizando o Modelo Linear Geral utilizado como análise de factor único (ANOVA) e (t-Test: Two-Sample Assuming Unequality Variances) a fim de determinar o significado ao nível de *(P<0,05)* de cada nível de tratamento sobre o crescimento, utilizando o software Excel.

CAPÍTULO 4. RESULTADOS E DISCUSSÃO

4.1 Condições de Crescimento e Óptimas

As condições ambientais foram monitorizadas ao longo da experiência a fim de garantir que o crescimento não fosse influenciado por variáveis não experimentais. Assim, o pH foi monitorizado todos os dias; no entanto, a temperatura foi mantida a níveis específicos.

4.1.1 pH

Um meio com pH neutro é mais favorável ao crescimento de algas e algas mostrou a capacidade de afectar o ambiente de pH das amostras para o seu estado favorável. O pH é um dos parâmetros mais significativos para o cultivo e cultivo de algas, porque afecta significativamente o ambiente químico. *O MUR230* é conhecido como tolerante ao pH; por isso, pode estar a crescer numa ampla gama de pH. As condições foram mantidas em torno de pH 8-8,20. Por conseguinte, foram observadas flutuações normais nos níveis de pH. Essas flutuações foram devidas à regulação do CO_2. O pH não era constante para todos os tratamentos durante todo o período de crescimento. As algas mostraram grande capacidade de mudar o pH para neutro, e começaram a crescer rapidamente quando o pH era cerca de 9, como mostra a figura (6). Isto é um indicador da elevada capacidade das algas para criar um pH favorável ao crescimento de microambientes. Pensa-se que têm alguns mecanismos para mitigar algumas condições duras, tais como ambiente ácido ou alcalino, por exemplo através da excreção de produtos químicos para alterar o ambiente químico.

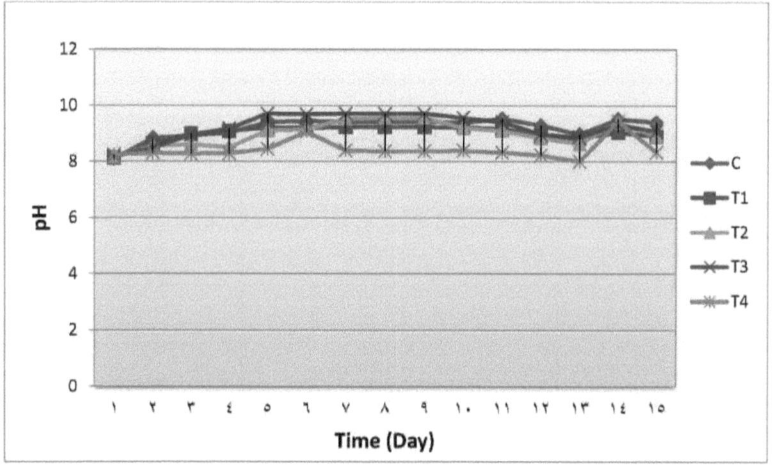

Figura (6): Condições médias de pH e optimização durante o período de crescimento para todos os tratamentos

4.1.2 Condições de temperatura e luz

Sabe-se que a temperatura afecta a composição da biomassa, a natureza do metabolismo e a taxa de reacção metabólica (Mayo et al., 1996). Por conseguinte, a temperatura era controlada por um ar condicionado que é colocado na biblioteca, o qual se engajaria se a temperatura descesse abaixo ou aumentasse um ponto fixo. Este controlo proporcionou a capacidade de controlar a temperatura a uma gama preferida de 20oC. Além disso, a luz é necessária para o crescimento de algas, uma vez que a energia da luz é necessária para o metabolismo da fotossíntese. Vários investigadores descobriram que a taxa fotossintética aumenta quando a intensidade da luz aumenta até determinada intensidade luminosa, a qual não aumentará mais (Nishikawa et al., 1995).

4.2 Medidas de crescimento

O crescimento de algas tem sido medido através da contagem de células. Os números (7, 8, 10, 11, e 12) mostram as curvas de crescimento individuais para *MUR230* com diferentes tratamentos de utilização de efluentes algas digeridas Controlo: 0%, T1: 2%, T2: 4%, T3: 5%, e T4: 10%. As células têm sido contadas todos os dias à mesma hora às 13:00 horas.

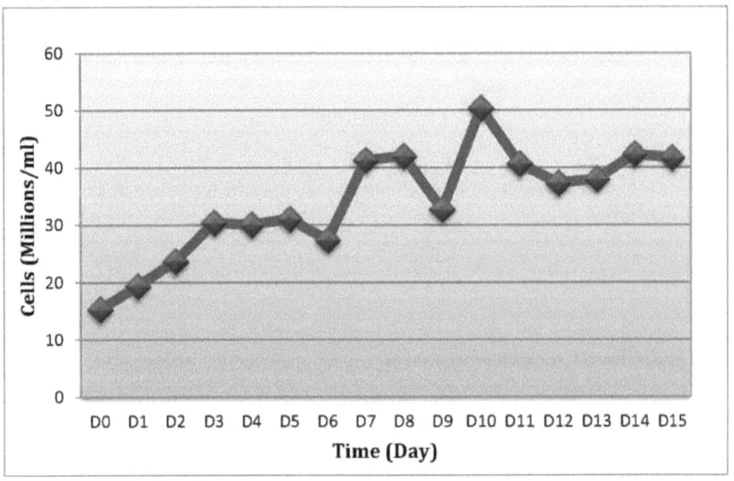

Figura (7): Curva de crescimento individual para *MUR230* no Tratamento de Controlo (0% efluente algal digerido)

A figura (7) mostra que durante o período do dia entre 0 e 3 há um rápido aumento do crescimento das algas para o tratamento de controlo (0% de algas digeridas) e a fase de atraso tendem a faltar, provavelmente porque o tanque de Mawson, que é o tanque de onde foram retirados os inóculos, não foi mantido durante muito tempo. Por conseguinte, as algas encontraram um meio melhor para se desenvolverem. No entanto, a figura mostra que há flutuações no crescimento entre o período dos dias 3 e 15, apesar do crescimento no dia 10 ter atingido os níveis mais elevados que foram 50,34x10-4 cell.ml-1. A partir dos dias 11 e 15 *MUR230* parecem ter ido para uma fase estacionária; de modo que, o número de células tinha diminuído ligeiramente.

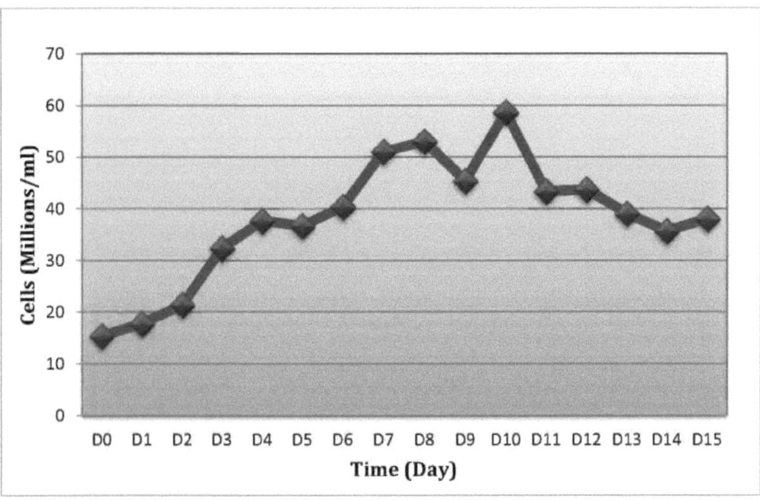

Figura (8): Curva de crescimento individual para *MUR230 no* meio 2% de efluente algal digerido

Provavelmente para o tratamento de controlo, o tratamento de (2% de algas digeridas) durante o período de 0 a 4 dias indica que há um rápido aumento no crescimento das algas e que a fase de atraso tende a faltar. No entanto, entre os dias 4 a 9 há flutuações no número de células antes de aumentarem rapidamente no 10° dia, que se encontrava no nível mais elevado. A contagem de células no dia 10 foi de 58,6x10-4 cell.ml-1. Por conseguinte, não há diferença significativa (P= 0,1589) com o tratamento de controlo. Depois, o número de células diminuiu subitamente no dia 11 e assim sucessivamente.

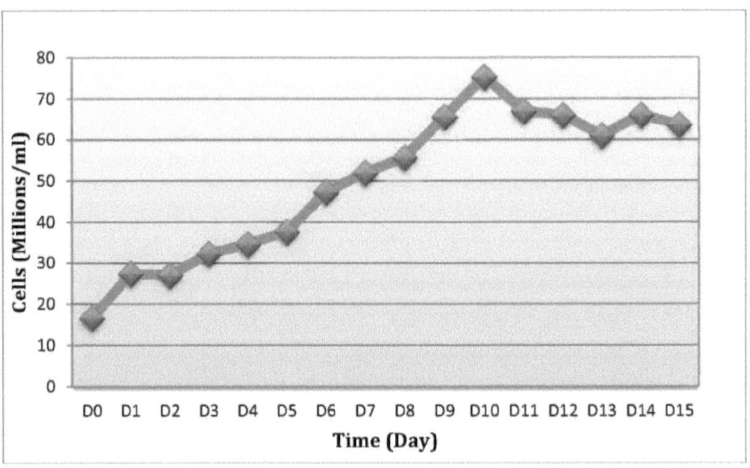

Figura (9): Curva de crescimento individual para *MUR230 no* meio de 4% de efluente algal digerido

Do mesmo modo, o meio de 4% de efluente algal digerido, como mostra a figura (9), durante um período de 1 a 2 o crescimento das algas tende a ter entrado em fase de aceleração. Também, do dia 3 ao 9, o crescimento das algas aumentou ligeiramente e atingiu o nível mais alto de crescimento no dia 10. A contagem de células no dia 10 atingiu o nível mais alto e foi de 75,34x10-4 cell.ml-1. Este tratamento mostra que existe uma diferença significativa (P= 0,0182) com todo o tratamento e a população de algas aumentou duas vezes em comparação com o tratamento de controlo. Este resultado fornece fortes provas de que o efluente digerido com algas acelerou a taxa de produção de *MUR230.* O resultado também indica que o efluente da digestão de algas que é derivado do tratamento de águas residuais poderia ser utilizado como fonte alimentar e suplemento de nutrientes para *MUR230.* Por outro lado, e provavelmente para os outros tratamentos, o número de células começou a diminuir no 11º dia e parece que algumas das células morreram. Uma vez que a contagem de células terminou no dia 15, não é claro se as algas ainda estão em fase estacionária ou de morte, ou seja, porque o número de células aumentou ligeiramente no dia 14 e depois voltou a diminuir no dia 15.

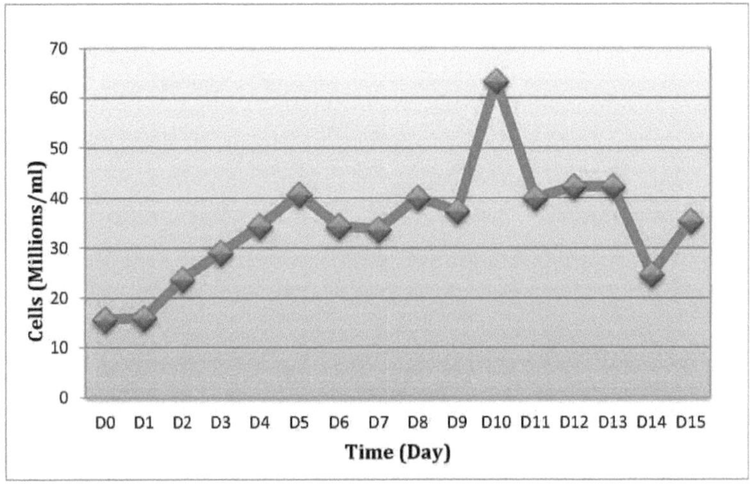

Figura (10): Curva de crescimento individual para *MUR230 no* meio de 5% de efluentes de algas digeridas

Em termos do tratamento (5% de algas digeridas), a Figura (10) mostra que o crescimento das algas entre 0 e 1 dia permanece constante e não se alterou, tendo entrado na fase de desfasamento. O contrário ocorreu entre os dias 2 a 5; de modo que, o número de células foi aumentado significativamente. Contudo, o número de células foi reduzido no dia 6 e depois flutua antes de aumentar de novo significativamente e atingir o nível mais alto no dia 10 e a população celular era aproximadamente 63,34x10-4 cell.ml-1. Este tratamento mostra que não há diferença significativa (P= 0,83) com o tratamento de controlo. Este tratamento mostra que não afectou significativamente a taxa de crescimento. Depois, como os outros tratamentos, a contagem de células diminuiu após o dia 10 e parecia que algumas células morreram e entraram na fase estacionária.

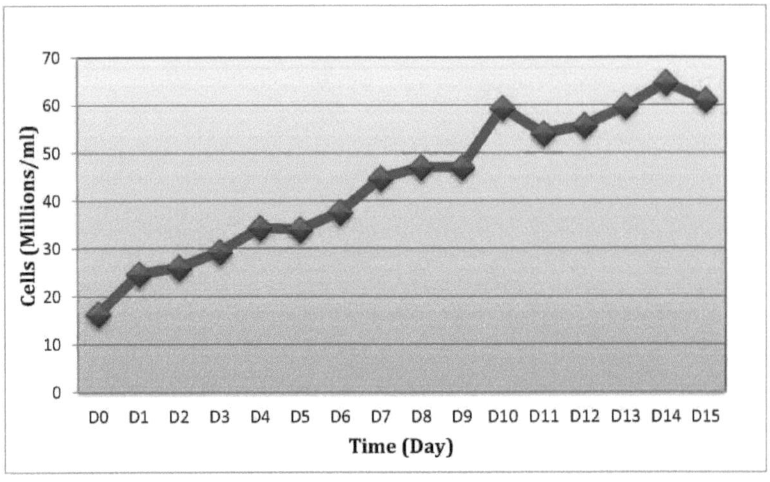

Figura (11): Curva de crescimento individual para *MUR230 no* meio 10% de efluente algal digerido

Em relação ao tratamento (10% de algas digeridas), e como mostra a figura (11), o crescimento das algas entre os dias 0 e 2 mudou significativamente. Do dia 3 ao 9, o número de células aumentou gradualmente antes de aumentar significativamente, uma vez que os outros tratamentos no dia 10 e a contagem de células foi de cerca de 59,34x10-4 cell.ml-1. No dia 11, a contagem de células diminuiu subitamente, depois disso aumentou gradualmente e é pouco provável que todos os outros tratamentos a contagem de células tenha aumentado e atingido o nível mais alto no dia 14 e a contagem de células foi aproximadamente 64,67x10-4 cell.ml-1. Isto indica que não há diferença significativa (P= 0. 159) com o tratamento de controlo. Uma vez que a contagem de células terminou no dia 15, não é claro se as algas ainda estão em fase estacionária ou em fase de morte.

No entanto, uma parte do tratamento de 4%, os outros tratamentos (2%, 5%, e 10%) mostram que não há diferença significativa com o tratamento de controlo (0%) em termos de crescimento de algas. Além disso, a frequência de adição de efluentes não afectou significativamente a taxa de crescimento de 2%, 5% e 10%, mas significativamente (P < 0,05) influenciou a taxa de crescimento no tratamento de 4%. Estes resultados indicam que o tratamento de 4% de efluentes da digestão algal acelerou a taxa de produção de *MUR230 em* comparação com os tratamentos inferiores a 2% e superiores a 5% e 10%. Isto significa que o elevado nível de alimentação do tratamento de efluentes da digestão de algas não acelerou a taxa de produção de *MUR230*. Portanto, os sistemas de digestão anaeróbica são capazes de produzir processos de produção de algas (Sturm & Lamer 2011), mas com quantidades razoáveis.

Nas microalgas, são geralmente relatadas elevadas concentrações de azoto e relacionadas com o seu elevado teor de proteínas que variam entre (20-65%) do peso seco (Becker, 2007). Os resultados da presente experiência demonstram que a concentração de nutrientes nas culturas é o principal factor responsável pelas diferenças de crescimento. Portanto, 4% dos efluentes digeridos com algas contêm a quantidade certa de Nitrogénio e Fósforo que aumentam a produção de *MUR230*, ao contrário dos outros tratamentos. Num estudo realizado por (Langroudi et al., 2010), verificou-se que um aumento na concentração de P para 2 mg.l-1 reduziu o aumento percentual da massa celular para cerca de 1851%. Verificaram também que, uma vez que o P é essencial para a cultura de algas, qualquer aumento ou diminuição dos seus valores óptimos poderia resultar negativamente no crescimento e desenvolvimento de algas. A possível toxicidade como resultado de níveis elevados de NH4-N para as microalgas não estava presente nas amostras testadas para a estirpe *(MUR230)*. Este é um indicador de que a estirpe *(MUR230)* tende a ser tolerante ao NH4-N amoniacal. O crescimento de algas é directamente afectado pela disponibilidade de alguns nutrientes (El-Nabarawy e Welter, 1984), a estabilidade do pH (Azov e Shelef, 1987), a temperatura (Talbot e de la Noiie, 1993), a luz (Sorokin e Krauss, 1958), e a densidade de inoculação (Lau et al., 1995). Acredita-se que quanto maior for a densidade do inóculo, melhor será o crescimento e maior será a remoção eficiente dos nutrientes (Lau et al., 1995). Como se pode ver pelas características das algas de digestão, contém uma elevada concentração de amoníaco, o que é considerado como um bom ponto para a produção de algas. Alguns estudos mostraram que o amoníaco é a forma mais adequada de nitrogénio para a proliferação de microalgas, que é porque necessita de menos energia para a assimilação.

Por outro lado, o azoto orgânico deve ser transformado antes de ser assimilado por microalgas (Bricelj e Lonsdale, 1997). As algas são capazes de utilizar Nitrato, Amónia e outras fontes orgânicas de Nitrogénio. Em várias espécies de algas, o nitrato é utilizado como fonte de nitrogénio através do seguinte processo: As células absorvem nitrato, e depois através de (Nitrate reductase) reduzidas a nitritos. Assim, os nitritos serão posteriormente reduzidos a nitritos de amónio redutase. Finalmente, o amónio é assimilado à forma de Aminoácido por Glutamina sintetase e Glutamato sintetase.

Também o nitrito pode ser utilizado; contudo, a sua toxicidade a concentrações mais elevadas torna-o menos desejável. Além disso, o consumo de Nitritos e Amónia leva a uma grande mudança no pH do meio, lado a lado com o crescimento da cultura. Portanto, é muito inicial manter o pH relativamente constante durante o cultivo (Shi et al., 2000). A forma mais preferida de fornecimento de azoto é o Amoníaco. Em comparação com os nitritos e nitratos, a amónia é considerada economicamente mais favorável. Contudo, os nitritos e nitratos são mais caros e necessitam de considerável energia metabólica para a sua assimilação.

(Efluente Algal de Digestão) pode servir como única fonte de azoto para vários membros unicelulares e especialmente *MUR230,* uma vez que provou ser uma das melhores fontes de azoto para o cultivo em massa de *MUR230* neste estudo. Um baixo fornecimento de nitrogénio poderia resultar numa baixa taxa respiratória; depois, um aumento das reservas lipídicas em várias estirpes de algas. Tem-se observado um aumento no valor de pH em todos os tratamentos, independentemente da concentração de azoto. Como as algas digeridas levam à libertação de amónio e fosfato, e eventualmente isto pode sustentar o crescimento das comunidades fitoplanctónicas.

CONCLUSÃO

A descarga descontrolada de resíduos em massas de água leva a causar graves problemas ambientais, sociais e de saúde. Por conseguinte, é muito importante minimizar os riscos que estão associados a estes resíduos. Uma das melhores técnicas para minimizar estes riscos é a reutilização destes efluentes para serem utilitários para a produção de biomassa de algas e biogás. Nesta investigação, as algas digeridas ricas em azoto, fósforo e alguns outros nutrientes foram seleccionadas e utilizadas na concepção de experiências para a produção de biomassa de algas. O principal objectivo desta investigação foi adaptar a produção de algas para a recuperação de nutrientes a partir de efluentes algas. Os resultados deste estudo indicam que o tratamento de 4% de efluentes da digestão algal acelerou a taxa de produção de *MUR230 em* comparação com os tratamentos inferiores a 2% e superiores a 5% e 10%. Isto significa que o elevado nível de alimentação do tratamento de efluentes da digestão algal não acelerou a taxa de produção de *MUR230*. Portanto, 4% dos efluentes digeridos com algas contêm a quantidade certa de Nitrogénio e Fósforo que aumentam a produção de *MUR230*, ao contrário dos outros tratamentos. O efluente algal digerido pode ser utilizado como fonte de nutrientes e meio de baixo custo para a produção de biomassa de algas. A utilização de efluentes de algas de digestão como fonte de produção de biomassa de algas em vez de serem depositados em corpos de água é muito importante para o ambiente e o ecossistema.

RECOMENDAÇÕES

Este estudo contribui com um pequeno pedaço de informação científica para o grande pool intelectual que pode ajudar a trazer as microalgas à realidade como tratamento de águas residuais, matéria-prima dos biocombustíveis e alguns outros aspectos. É necessária mais investigação à escala comercial para fornecer números sobre as quantidades de digestão de algas que irão maximizar a biomassa produzida e minimizar os poluentes nos efluentes. Este tipo de estudo poderia ser traduzido em receitas para maximizar o crescimento das microalgas e optimizar a dosagem de nutrientes à escala comercial. Em termos de experiências à escala laboratorial, há muitas oportunidades para melhorar a exactidão e precisão dos resultados. Além disso, os desenhos experimentais nestes campos microbiológicos requerem uma maior replicação para um maior poder estatístico. Esta investigação oferece uma série de lições e fornece uma base para mais investigação na utilização de efluentes de algas de digestão para o cultivo de microalgas.

RFERENCES

Ahluwalia, SS & Goyal, D 2007, 'Microbial and plant derived biomass for removal of heavy metals from wastewater' Bioresource Technology, vol. 98, no. 12, pp. 2243-2257.

American Public Health Association (APHA) 1998, 'Standard methods for the examination of water and wastewater', American Water Works Association', Water Environment Federation 20 ed., Washington D.C, 1998.

Andlay, G 2010, 'Commercialization of anaerobic contact process for anaerobic digestion of algae', tese de mestrado, caso do departamento de biologia Wastern Reserve University.

Aslan, S & Kapdan IK 2006, 'Batch kinetics of nitrogen and phosphorus removal from synthetic wastewater by algae', Ecological Engineering, vol. 28, no. 1, pp. 64 - 70.

Azov, Y, & Shelef, G 1987, 'The effect of pH on the performance of the highrate oxidation pondds', Water Sci. Technol., vol. 19, no. 12, pp. 381-383.

Becker, EW, 2007, 'Microalgas como fonte de proteínas', Biotechnol Adv, No. 25, pp. 207210.

Benemann, JR 1997 "CO2 mitigation with microalgae systems", Energy Conversion and Management, vol. 38, pp. 475-479.

Bold, HC 1942, 'The cultivation of algae, botanical review', vol. 8, pp. 69-138.

Borowitzka MA 1999, "Produção comercial de microalgas: lagoas, tanques, tubos e fermentadores", Journal of Biotechnology, vol. 70, no. 1-3, pp. 313-21.

Boyle, G 2004, 'Renewable Energy': Power for a Sustainable Future (2nd Edition)', Oxford University Press/The Open University, 452 pp. ISBN 0-19-926178-4. (T206 livro de texto principal co-publicado).

Briggs, M 2004, 'Widescale Biodiesel Production from Algae', UNH Biodiesel Group, The University of New Hampshire, <http:www.unh.edu/p2/biodiesel/article_algae.html>.

Bricelj, VM & Lonsdale, DJ 1997, 'Aureococcus anophagefference': Cause and ecological consequences of brown tides in U.S. mid-Atlantic coastal waters', Limnol. Oceanogr., vol. 42, no. (5.Parte 2), pp. 1023-1038.

Cantrell, KB, Ducey, T, Ro, KS & Hunt, PG 2008, 'Livestock waste-to-bioenergy generation opportunities', Bioresour. Technol., vol. 99, pp. 7941-7943.

Chisti, Y 2007, 'Biodiesel from microalgae beats bioethanol', Trends in Biotechnology, vol. 26, no. 3, pp. 126-131.

Chisti, Y, 2007, 'Biodiesel from microalgae', Biotechnology Advances, vol. 25, no. 3, pp. 294-306.

Chiu, SY, Kao, CY, Tsai, MT, Ong, SC, Chen, CH, Lin, CS 2009, 'Lipid accumulation and CO2 utilization of Nannochloropsis oculata in response to CO2 aeration' Bioresour Technol, no. 100, pp. 833-838.

Christenson, L & Sims, R 2011, 'Production and harvesting of microalgae for wastewater treatment, biofuels, and bioproducts, Research review paper', Biotechnology Advances, pp. 1-17, disponível em: www.elsevier.com/ locate/biotechadv.

Chynoweth, DP & Isaacson, R 1987, 'anaerobic digestion of biomass', Nova Iorque: Elsevier Applied, Science Publishers LTD, 1987.

Converti, A, Casazza,, AA, Ortiz, EY, Perego, p e Borghi, MD 2009, 'Effect of temperature and nitrogen concentration on the growth and lipid content of Nannochloropsis oculata and Chlorella vulgaris for biodiesel production', Chemical Engineering and Processing, no. 48. Pp. 1146-1151.

Danielo, O 2005, 'An algae-based fuel', Biofuture, no. 255, disponível em: http://www.greenfuelonline.com/gf_files/algaefuel.pdf, acedido a partir de Agosto de 2008.

Danquah MK, Ang L, Uduman N, Moheimani N, Forde, GM 2009, 'Dewatering of microalgal culture for biodiesel production: exploring polymer flocculation and tangential flow filtration', J. Chem Technol Biotechnol., no. 84, pp. 1078-1083.

Dumas A, Laliberte G, Lessard P, Noue J 1998, 'Biotreatment of fish farm effluents using the cyanobacterium Phormidium bohneri', Aquaculture Engineering, no. 17, pp. 57-68.

El-Nabarawy, MT, & Welter, AN, 1984, 'Utilization of algal cultures and assays by industry, In: Shubert, L.E. (Ed.), Algae as Algas como Indicadores Ecológicos. Academic Press London, pp.317-328.

Comissão Europeia 2007, "The impact of a minimum 10% obligation for biofuel use in the EU-27 in 2020 on agricultural markets, impact assessment renewable energy roadmap", Comissão Europeia (CE), Direcção-Geral da Agricultura e do Desenvolvimento Rural; Março de 2007.

Organização das Nações Unidas para a Alimentação e Agricultura (FAO) 2009, 'Algae-Based Biofuels': A Review of Challenges and Opportunities for Developing Countries", visto em Agosto, http://www.biofuelstp.eu/downloads/fao-gbep_algae_may_2009.pdf.

Gonzales LE, Canizares RO, Baena S 1997, 'Efficiency of ammonia and phosphorus removal from a Colombian agroindustrial wastewater by the microalgae Chlorealla vulgaris and Scenedesmus dimorphus', Bioresource Technology, no. 60, pp. 259-562.

Graham, LE, Graham, JM & Wilcox, LW 2009, 'Algae, 2e', Benjamin Cummings (Pearson), San Francisco, CA, 2009.

Gressel, J 2008, 'Transgenics are imperative for biofuel crops', In: Plant Science, vol. 174, no. 3, pp. 246-263.

Grima, ME, Fernandez, FGA, Garcia Camacho, F, Chisti, Y 1999, 'Photobioreactors: light regime, mass transfer, and scaleup', J. Biotechnol, no. 70, pp. 231-47.

Grobbelaar, JU 2004, 'Algal nutrition', In Handbook of Microalgal Culture: Biotecnologia e Fisiologia Aplicada, Ed, A. Richmond, 97-115. Ames, Iowa: Blackwell Publishing.

Guillard, R & Ryther, J 1963,   f/2 medium, disponível em: <http://www.nsm.buffalo.edu/Bio/burr/BURR%20Cultures/F2%20Media.pdf>.

Hansen, PJ 2001, 'Uso de um Hemacytometer', Departamento de Ciências Animais,

Universidade da Florida,<http://www.animal.ufl.edu/hansen/protocols/hemacytometer.htm>.

Hoffmann, JP 1998, '4 Wastewater treatment with suspended and nonsuspended algae', Journal of Phycology, vol. 34, no. 5, pp. 757-763.

Jana, BB, Chakrabarti, R & Chakrabarti, J 1993, 'Life table responses of zooplankton (Moina micrura Kurz and Daphnia carinata King) to a manure application in a culture system', In: Aquaculture, vol. 117, pp. 273-285.

Jail, A, Boukhoubza, F, Nejmeddine, A, Sayadi, S e Hassani, L 2010, 'Co-tratamento de moinhos de azeitonas e águas residuais urbanas por tanques de estabilização experimental', Journal of hazardous materials, vol. 176, no. 1-3, pp. 893-900.

Johnson, MB 2009, 'Microalgal Biodiesel Production through a Novel Attached Culture System and Conversion Parameters', Tese submetida ao Instituto Politécnico da Faculdade da Virgínia e à Universidade Estatal, 29 de Abril de 2009 Blacksburg, VA.

Kalin, M, Wheeler, WN 2005, 'The removal of uranium from mining waste water using algal/microbial biomass', Journal of Environmental Radioactivity, vol.78, no. 2, pp. 151177.

Kamjunke, N, Kohler, B, Wannicke, N & Tittel, J 2008, 'Algae as Competitors for Glucose with Heterotrophic Bacteria', Journal of Phycology, vol. 44, no. 3, pp. 616-623.

Kang, CK, Park, HY, Kim, MC & Lee, WJ 2006. 'Uso de leveduras marinhas como dieta disponível para as culturas de massa de Moina macrocopa', In: Aquaculture Research, vol. 37, no. 12, pp.1227-1237.

Kim, O 2010, Microbe Hunter, The Hemocytometer, disponível em: <http://www.microbehunter.com/2010/06/27/the-hemocytometer-countingchamber/>.

Kim, MK, Park, JW, Park, CS, Kim, SJ, Jeune, KH, Chang, MU, Acreman, J 2007, 'Enhanced production of Scenedesmus spp. (green microalgae) using a new medium containing fermented swine wastewater', Bioresource Technology, no. 98, pp. 2220-2228.

Langroudi, HE, Kamal, M & Falahatkar, B 2010, 'The independent effects of ferrosus and phosphorus on growth and development of Tetraselmis suecica; an in vitro study', Env. Sci., Vol. 8, No.2, pp. 109-114.

Lau, PS, Tam, NFY, & Wong, YS 1995, 'Effect of algal density on nutrient removal from primary settled wastewater', Environ. Pollut., vol. 89, pp. 59-66.

Laws, EA, Taguchi, S, Hirata, J, Pang, L 1986, 'high algal production rates achieved in a rasow outdoor flume', Biotechnology and Bioengineering, no. 28, pp. 191-197.

Lente, P, Zeeman, G, & Lettinga, G 2001, 'Decentralised sanitation and reuse, concepts, systems and implementation' In: Série de Tecnologia Ambiental Integrada, IWA Publishing, pp. 517-533.

Li, Q, Du, W, et al 2008, 'Perspectives of microbial oils for biodiesel production', Applied Microbiology and Biotechnology, vol. 80, no. 5, pp. 749-756.

Li, M & Hu, CW 2007, 'Outdoor mass culture of the marine microalga Pavlova viridis (Prymnesiophyceae) for production of eicosapentaenoic acid (EPA)', Cryptogamie Algologie, vol. 28, no. 4, 397-410.

Liu, ZY, Wang, GC, Zhou, BC, 2008, 'Effect of iron on growth and lipid accumulation in Chlorella vulgaris', Bioresour. Technol., no. 99, pp. 4717-4722.

Martinez, ME, Sanchez, S, Jimenez, JM, Yousfi, FE, Munoz, L 2000, 'Nitrogen and phosphorus removal from urban wastewater by the microalga Scenedesmus Obliquus', In: Bioresource Technology, volo. 73, pp. 263-272.

Mata, TM, Martins, AA e Caetano, NS 2010, 'Microalgas para produção de biodiesel e outras aplicações: A review' Renewable and Sustainable Energy Reviews, no. 14, pp. 217-232.

Mayo, AW & Noike, T 1995, 'Effects of temperature and pH on the growth of heterotrophic bacteria in waste stabilization pondds', Water Resources, vol. 30, pp. 447455.

Metcalf, Eddy, Tchobanoglous, G, Burton, FL, Stensel, HD, 2003, 'Wastewater Engineering: Treatment and Reuse, 4th Eddition', McGraw HIl ISBN-13: 978-0-07041878-3.

Miao, XL, Wu, QY, 2006, 'Biodiesel production from heterotrophic microalgal oil Bioresour', Technol., no. 97, pp. 841-846.

Miao, XL & Wu, QY, 2004, 'High yield bio-oil production from fast pyrolysis by metabolic control of Chlorella protothecoides' Journal of Biotechnology, vol. 110, No. 1, pp. 85-93.

Molina-Grima, E, Belarbi, EH, Acien Fernandez, FG, Robles Medina, A, & Chisti, Y 2003, "Recovery of microalgal biomass and metabolites: process options and economics". Avanços da Biotecnologia. 20: 7-8 (Janeiro de 2003), pp. 491-515. ISSN 0734-9750, DOI: 10.1016/S0734-9750(02)00050-2.

Molina, E, Fernandez, J 2000, 'Tubular photobioreactor design for algal cultures', 4th International Congress on Biochemical Engineering, Stuttgart, Alemanha, Elsevier Science Bv.

Mostert, ES, Grobbelaar, JU 'vw, 'The influence of nitrogen and phosphorus on algal growth and quality in outdoor mass algal cultures, Biomass, no. 13, pp. 219-233.

My agriculture information bank 2011, 'Role of Biofertilizers in soil fertility and Agriculture', revisto em Novembro de 2011, disponível em: <agriinfo.in/?page=topic&superid=5&topicid=176>.

National research council Canada 2010, sistemas fechados de cultivo (Photobioreactor), <http://www.nrc-cnrc.gc.ca/eng/dimensions/issue4/whats_this.html>, revisto a 11 de Novembro de 2011.

Nishikawa, N, Hirano, A, Ikuta, Y, Fukuda, Y, Kaneko, M, Kinoshita, T & Ogushi, Y 1995, Photosynthetic efficiency improvement by microalgae cultivation in tubular-type reactor, Energy Converse Management, vol. 36, pp. 681-684.

Niswati, A, Murase, J & Kimura, M 2005, 'Effect of application of rice straw compostat on the bacterial communities associated with Moina sp. in the floodwater of a soil microcosm: estimation based on DGGE pattern and sequence analyses', In: Soil Science and Plant Nutrition, vol. 51, no. 4, pp. 565-571.

Oilgae 2011, Uses of Algae as Energy source, Fertilizer, Food and Pollution control, revisto em Novembro de 2011, disponível em: <http://www.oilgae.com/algae/use/use.html>.

Oswald, WJ, 2003, 'My sixy years in applied algology' Journal of Applied Phycology, no. 15, pp. 99-106.

Patil, SS, Ward, AJ, Kumar, MS & Ball, AS 2010, 'Utilising bacterial communities associated with digested piggery effluent as a primary food source for the batch culture of Moina australiensis', In: Bioresource Technology, vol. 101, pp. 3371-3378.

Piccolo, T 2008, 'Aquatic biofuels', GlobeFish - FIIU; Maio de 2008, Disponível em: <http://www.globefish.org/files/Aquaticbiofuels_638.pdf>, revisto Ago 2011.

Richmond, A 2004, 'Principles for attaining maximal microalgal productivity in photobioreactors: an overview', Hydrobiologia, no. 512, pp. 33-37.

Salerno, M, Nurdogan, Y, Lundquist, TJ 2009, 'Biogas production from algae biomass collected at wastewater treatment pondds', Bioenergy Engineering Conference. Apresentação da conferência ASABE, Out 2009, pp no. Bio 098023.

Sawayama S, Minowa T, Dota Y, Yokayama S 1992, 'Growth of hydrocarbon rich microalga Botryococcus braunii in secondarily treated sewage', Applied Microbiology and Biotechnology, no. 38, pp. 135-8.

Schneider, D 2006, 'Grow Your Own? American Scientist, vol. 656, no. 9, Science Observer.

Sheehan, J, Dunahay, T, Benemann, J & Roessler, P 1998, A Look Back at the U.S. Department of Energy's Aquatic Species Program - Biodiesel From Algae, Golden, CO, National Renewable Energy Institute, NREL/TP-580-24190.

Shelef G, Sukenik A, Green, M 1984, 'Microalgae harvesting and processing: a literature review', Haifa (Israel): Technion Research and Development Foundation Lt, 1984.

Shi, XM, Zhang, XW & Chen, F 2000, 'Heterotrophic producing of biomass and lutein by Chlorella Protothecoides on various nitrogen sources', Enzyme Microb. Technol., vol. 27, pp. 312-318.

Sorokin, C, & Krauss, WR 1958, 'The effects of light intensity on the growth rates of green algae', In: Plant Physiol., vol. 33, no. 2, pp. 109-113.

Spolaore, P, Joannis-Cassan, C, Duran, E, Isambert, A 2006, 'Commercial applications of microalgae', In: Journal of Bioscience and Bioengineering, vol. 101, no. 2, pp. 87-96.

Sturm, BSM & Lamer, SL 2011, 'An energy evaluation of coupling nutrient removal from wastewater with algal biomass production', Applied Energy, doi:10.1016/j.apenergy.2010.12.056.

Talbot, P, & de la Noiie, J 1993, 'Tertiary treatment of wastewater with Phormidium bohneri (Schmidle) under various light and temperature conditions', Water Res., vol. 27 no. 1, pp. 153-159.

Teixeira, MR & Rosa, MJ 2006, 'Comparing dissolved air flotation and conventional sedimentation to remove cyanobacterial cells of Microcystis aeruginosa: part I: the key operating conditions', Sep Purif Technol, no. 52, pp. 84-94.

Trydal, T 2010, Avaliação e teste de diferentes procedimentos de pré-tratamento para tornar o licor de lamas adequado como fonte nutritiva para o crescimento de microalgas, tese de mestrado, Universidade de Stavanger.

Ugwu, CU, Aoyagi H, Uchiyama H 2008, 'Photobioreactors for mass cultivation of Algae' Bioresource Technology, vol. 99, no. 10, pp. 4021-4028.

Ward, AJ & Kumar, MS 2010, 'Bio-conversion rate and optimum harvest intervals for Moina australiensis using digested piggery effluent and Chlorella vulgaris as a food source', In: Bioresource Technology, vol. 101, pp. 2210-2216.

Wang, B, Li, Y, Wu, N, & Lan, CQ 2008, 'CO2 bio-mitigation using microalgae', Appl. Microbiol. Biotechnol., vol. 79, pp. 707-718.

Wen, ZY & Chen, F 2003, 'Heterotrophic production of eicosapentaenoic acid by Microalgae' Biotechnology Advances, vol. 21 no. 4, pp. 273-294.

Wijffels, R 2006, 'Energie via microbiologie': Status en toekomstperspectief voor

Nederland", Utrecht, SenterNovem.

Xi, Y, Atsushi, H, & Yoshitaka, S 2005, 'Combined effects of food level and temperature on life table demography of Moina macrocopa Straus (Cladocera)', In: International Review of Hydrobiology, vol. 90 no. (5-6), pp. 546-554.

Yoo, C, Jun, SY, Lee, JY, Ahn, CY, Oh, HM 2010, 'Selection of microalgae for lipid production under high levels carbon dioxide', In: Bioresour Technol., no. 101, pp. 71-74.

APÊNDICE (A)

A média dos valores de pH para cada tratamento ao longo do tempo da experiência

Day	Control	T1	T2	T3	T4
1	8.08	8.12	8.17	8.2	8.24
2	8.83	8.62	8.55	8.48	8.3
3	8.92	8.97	8.6	8.94	8.27
4	9.02	9.08	8.5	9.16	8.28
5	9.4	9.2	9.1	9.7	8.45
6	9.44	9.19	9.14	9.68	9.06
7	9.42	9.23	9.52	9.7	8.39
8	9.42	9.23	9.55	9.7	8.36
9	9.42	9.23	9.55	9.7	8.36
10	9.38	9.2	9.19	9.55	8.38
11	9.52	9.17	9.09	9.4	8.32
12	9.28	8.91	8.83	8.96	8.22
13	8.97	8.82	8.63	8.87	8
14	9.51	9.03	9.4	9.3	9.43
15	9.39	8.89	8.9	9.07	8.33

APÊNDICE (B)

As células contam sobre a experiência nos tratamentos e replicam

1- Tratamento de controlo (0% de algas digeridas):

Time	C1	C2	C3	Mean
D0	16	14	16	15.3333
D1	19	18	21	19.3333
D2	23	26	22	23.6667
D3	33	30	28	30.3333
D4	30	34	26	30
D5	34	33	26	31
D6	24	33	25	27.3333
D7	34	42	48	41.3333
D8	39	42	45	42
D9	34	26	38	32.6667
D10	51	53	47	**50.3333**
D11	44	38	40	40.6667
D12	37	42	33	37.3333
D13	40	42	32	38
D14	36	45	46	42.3333
D15	42	45	38	41.6667

2- Media com 2% de Tratamento Algal Digerido:

Time	T1A	T1B	T1C	Mean
D0	15	17	14	15.3333
D1	21	16	16	17.6667
D2	21	20	23	21.3333
D3	39	30	28	32.3333
D4	41	35	37	37.6667
D5	43	35	32	36.6667
D6	39	45	37	40.3333
D7	52	61	40	51
D8	55	61	43	53
D9	47	43	46	45.3333
D10	63	61	52	**58.6667**
D11	43	55	32	43.3333
D12	40	44	47	43.6667
D13	41	37	39	39
D14	41	31	35	35.6667
D15	46	35	33	38

3- Meios de comunicação com 4% de Tratamento Algal Digerido

Time	T2A	T2B	T2C	Mean
D0	16	18	16	16.66667
D1	30	24	28	27.33333
D2	27	26	28	27
D3	34	32	31	32.33333
D4	34	37	33	34.66667
D5	43	34	36	37.66667
D6	49	43	50	47.33333
D7	54	48	54	52
D8	54	55	58	55.66667
D9	58	70	69	65.66667
D10	74	78	74	**75.33333**
D11	66	79	56	67
D12	66	79	53	66
D13	61	74	48	61
D14	88	60	50	66
D15	81	65	45	63.66667

4- Meios de comunicação com (5%) tratamento com algas digeridas:

Time	T3A	T3B	T3C	Mean
D0	14	16	17	15.6667
D1	17	15	16	16
D2	28	21	22	23.6667
D3	30	34	23	29
D4	38	35	30	34.3333
D5	46	42	34	40.6667
D6	46	25	32	34.3333
D7	30	31	40	33.6667
D8	42	33	45	40
D9	47	25	40	37.3333
D10	72	68	50	**63.3333**
D11	45	39	36	40
D12	40	47	40	42.3333
D13	44	38	45	42.3333
D14	37	17	20	24.6667
D15	51	27	28	35.3333

5- Meios de comunicação com (10%) tratamento com algas digeridas:

Time	T4A	T4B	T4C	Mean
D0	17	17	15	16.33333
D1	28	21	25	24.66667
D2	28	24	26	26
D3	28	27	33	29.33333
D4	34	32	37	34.33333
D5	38	26	38	34
D6	40	34	39	37.66667
D7	41	43	50	44.66667
D8	43	44	54	47
D9	47	44	50	47
D10	52	55	71	**59.33333**
D11	47	41	74	54
D12	53	42	72	55.66667
D13	59	43	77	**59.66667**
D14	70	42	82	**64.66667**
D15	53	50	80	61

Printed by Books on Demand GmbH, Norderstedt / Germany